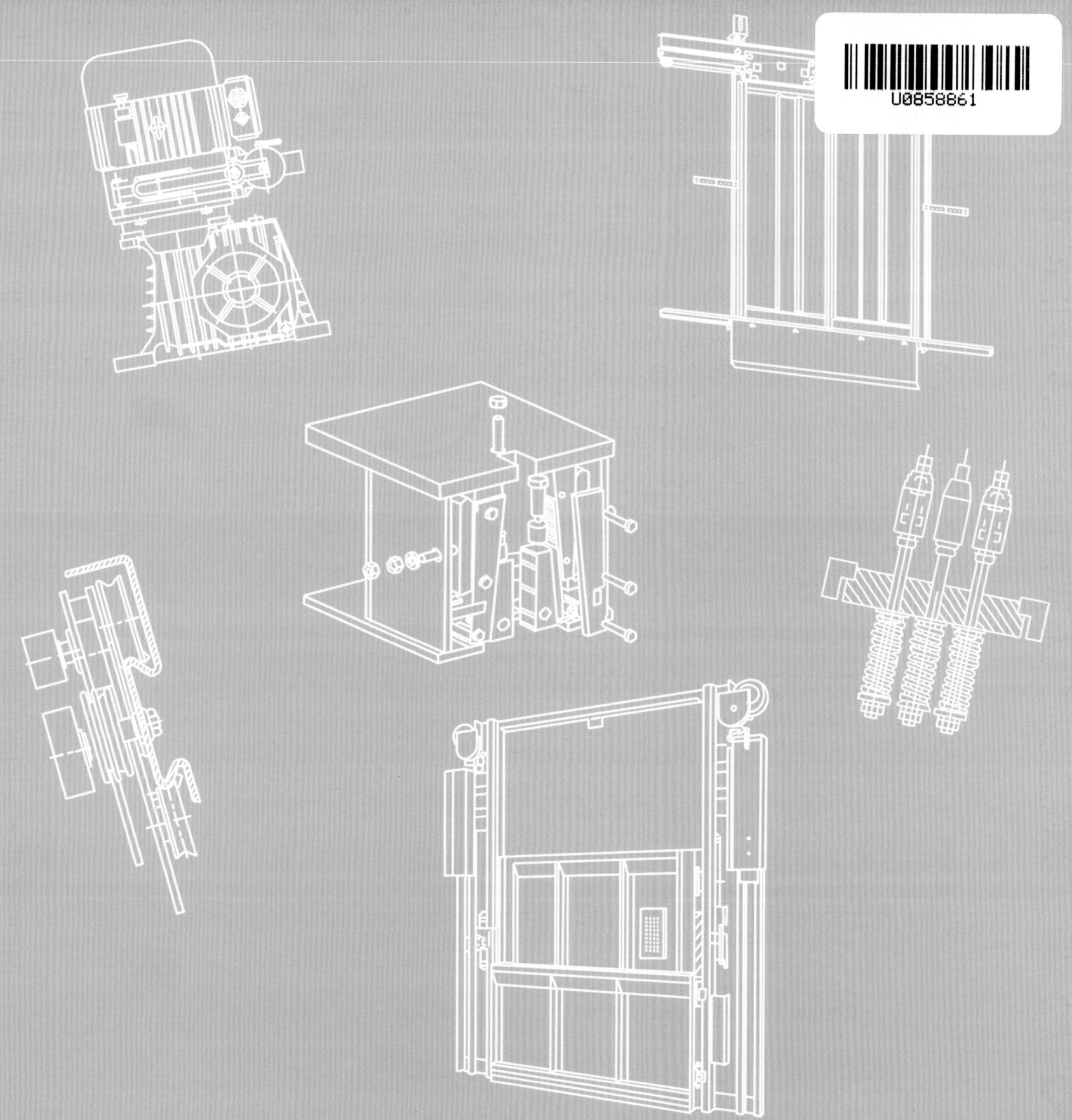

图书在版编目（CIP）数据

电梯的秘密：制造和安装 / 金英等著. -- 杭州：浙江科学技术出版社，2022.9
ISBN 978-7-5341-9963-9

Ⅰ．①电… Ⅱ．①金… Ⅲ．①电梯－制造－通俗读物 ②电梯－安装－通俗读物 Ⅳ．①TU857-49

中国版本图书馆CIP数据核字（2022）第068136号

书　　名	电梯的秘密　制造和安装		
著　　者	金英　周宇　应晨耕　王嘉彦　沈微珊		
出版发行	浙江科学技术出版社 杭州市体育场路347号　邮政编码：310006 办公室电话：0571-85176593 销售部电话：0571-85176040 网　　址：www.zkpress.com E-mail：zkpress@zkpress.com		
绘　　画	杭州纸目动画有限公司		
排　　版	杭州真凯文化艺术有限公司		
印　　刷	杭州捷派印务有限公司		
开　　本	787×1092　1/12	印　　张	5
字　　数	100 000		
版　　次	2022年9月第1版	印　　次	2022年9月第1次印刷
书　　号	ISBN 978-7-5341-9963-9	定　　价	58.00元

版权所有　侵权必究

责任编辑	柳丽敏	责任校对	赵　艳
责任美编	金　晖	责任印务	田　文

电梯的秘密
制造和安装

金英　周宇　应晨耕　王嘉彦　沈微珊　著

　　明天就是六一儿童节了,爸爸告诉豆豆一个好消息,爸爸的单位将组织亲子体验活动——"电梯制造大探秘"。豆豆听了兴奋得不得了,这会儿正缠着爸爸给他讲电梯的故事呢。

浙江科学技术出版社

1 电梯的由来

科普小贴士

公元前2600年,古埃及人在建造金字塔时使用了最原始的升降装置。

很早以前,人类就发明了升降装置,并把它用于日常劳作和生活。

古埃及升降装置

古罗马升降装置

科普小贴士

公元前1世纪,古罗马建筑师设计出通过滑轮来操纵的升降装置,利用升降系统的上下运动将物资从地面运送到高处。

1. 电梯的由来

科普小贴士

约公元前1100年，我国古代人民发明了辘轳，通过卷筒的回转运动完成地下井取水。

辘轳、龙骨水车等升降装置主要应用于农业灌溉。

辘轳

11 现代电梯的诞生

从最原始的升降装置,到以蒸汽机为动力的载人升降机,经历了4400多年的历史。直到1889年,奥的斯电梯公司发明了以直流电动机为动力的升降机,标志着世界上第一部真正意义上的现代电梯诞生了。

以蒸汽机为动力的载人升降机

科普小贴士

1852年,美国机械工程师伊莱沙·格雷夫斯·奥的斯发明了世界上第一台以蒸汽机为动力、配有安全装置的载人升降机。

科普小贴士

世界上第一部真正意义上的现代电梯采用直流电动机为动力，具备安全保护装置，通过涡轮减速器带动卷筒上缠绕的绳索，悬挂并升降轿厢，每分钟只能运行10米左右。

世界上第一部真正意义上的现代电梯

我国最早的电梯

科普小贴士

1907年，奥的斯电梯公司在上海汇中饭店（今和平饭店南楼）安装了两台电梯，它们被认为是我国最早使用的电梯。

我国最早使用的电梯

科普小贴士

1952年,天津从庆生电机厂制造了第一台国产电梯,安装在北京天安门城楼上。

我国自己生产的第一台电梯

1. 探秘电梯公司

丁零零,闹钟一响,豆豆就从床上蹦起来,快速洗漱、吃早餐,怀着激动的心情出发了。

刚到爸爸单位门口,就看到电梯小博士安安正向他们飞来。

科普小贴士

从功能上分，一部电梯由曳引系统、导向系统、轿厢系统、门系统、重量平衡系统、安全保护系统、电力推动系统和电气控制系统等组成，而每个系统又由多个零部件组装构成。

垂直电梯的主要零部件

控制柜

曳引钢丝绳

导轨

缓冲器

垂直电梯是由那么多零部件构成的啊!

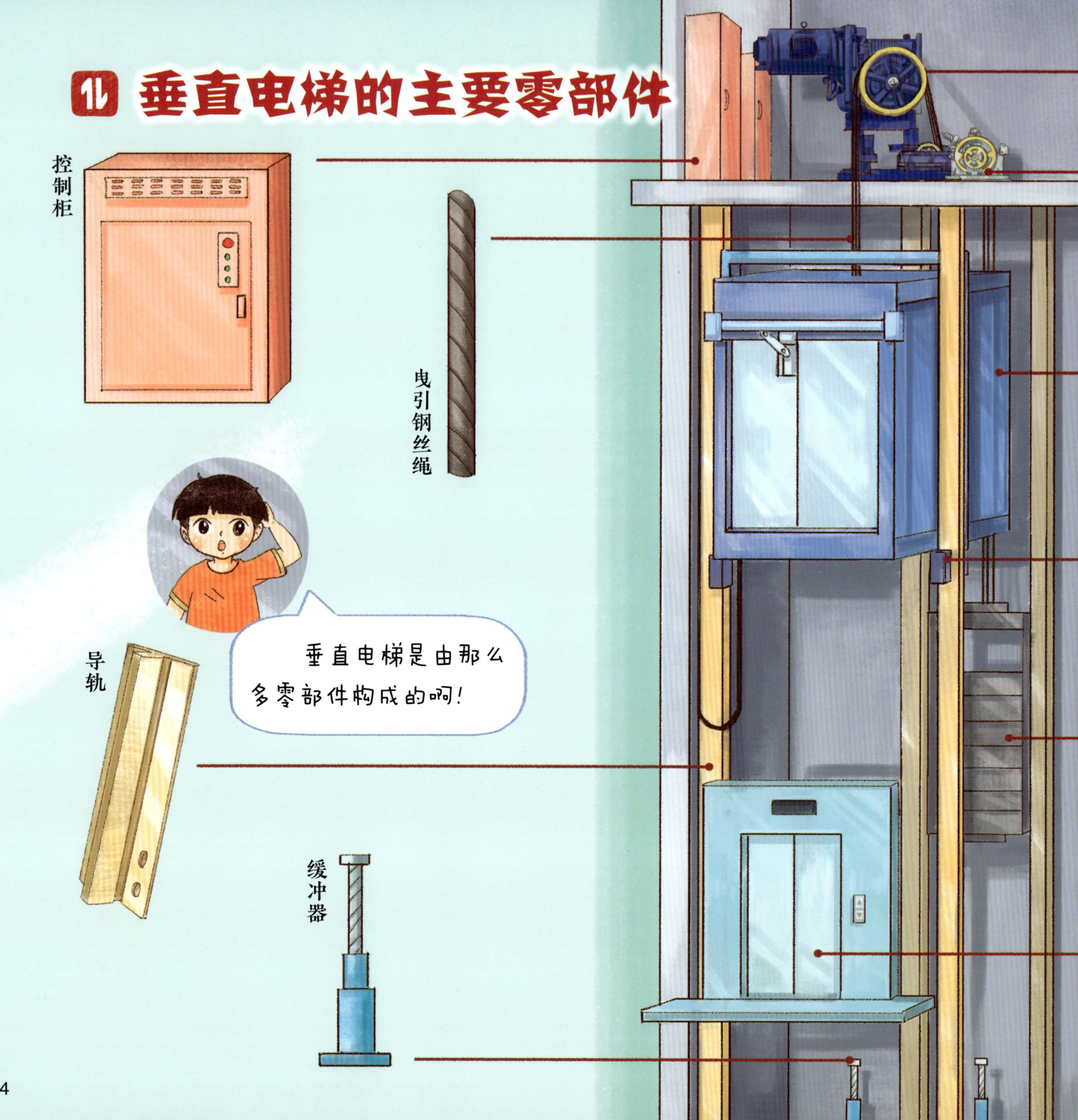

限速器

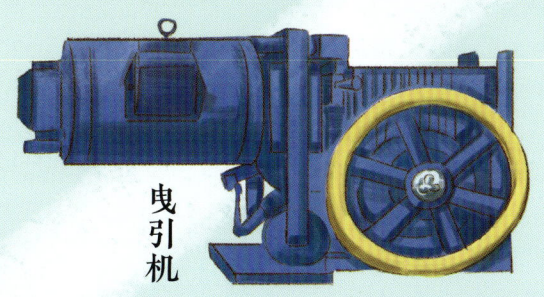
曳引机

扫描二维码
了解更多知识

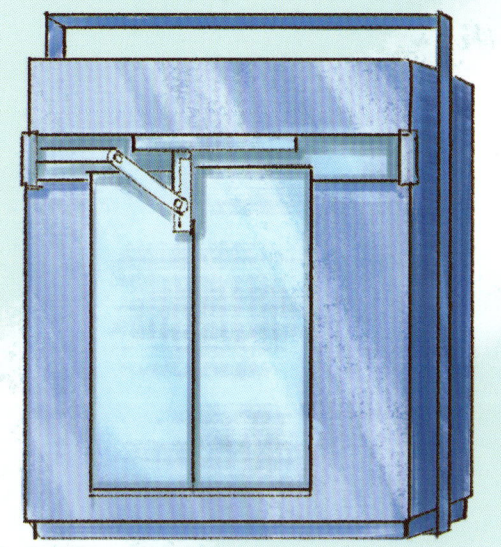
轿厢

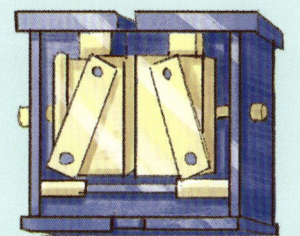
安全钳

对重

是啊，一部垂直电梯一般由数十种零部件构成。

层门

11 自动扶梯和自动人行道的主要零部件

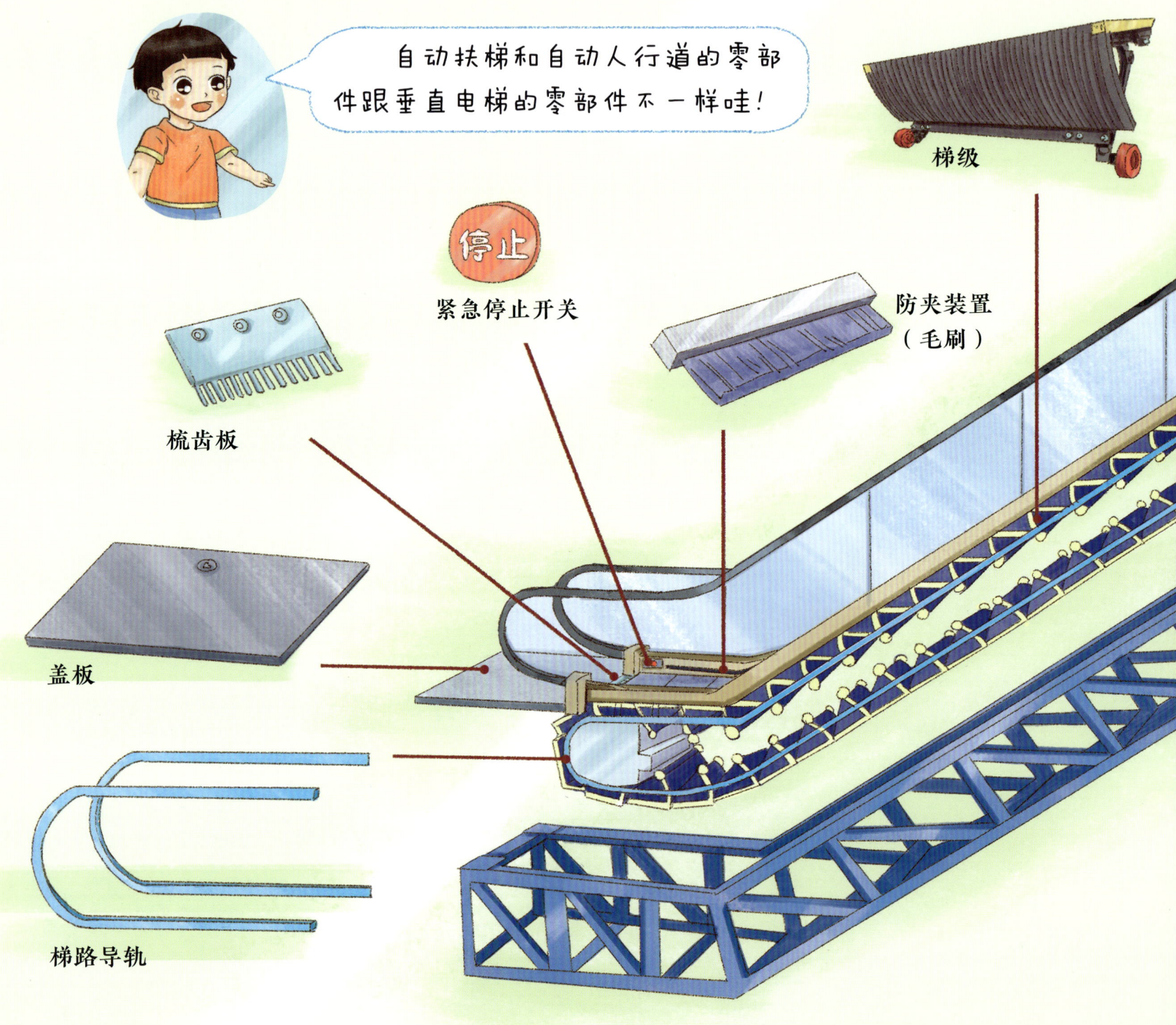

自动扶梯和自动人行道的零部件跟垂直电梯的零部件不一样哇!

梯级

紧急停止开关

防夹装置（毛刷）

梳齿板

盖板

梯路导轨

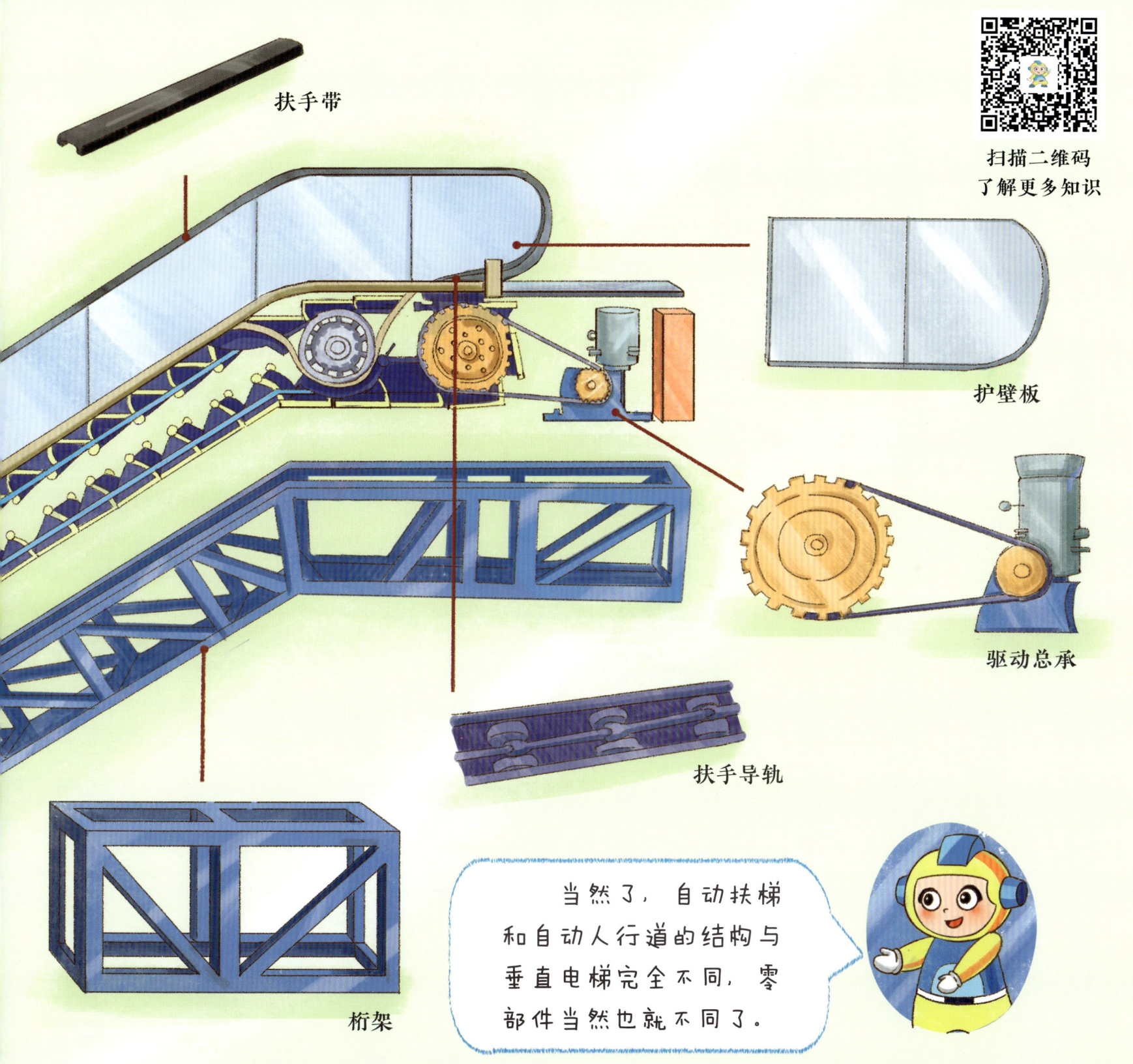

11. 电梯零部件生产车间

11 探秘国家电梯产品质量检验检测中心

国家电梯产品质量检验检测中心是经国家市场监督管理总局批准设立的机构，是为电梯开展专业"体检"的"医院"。

11 电梯零部件型式试验

科普小贴士

如果电梯在运行过程中发生轿厢超速的情况，限速器和安全钳就会联动，让轿厢停住。

限速器测试

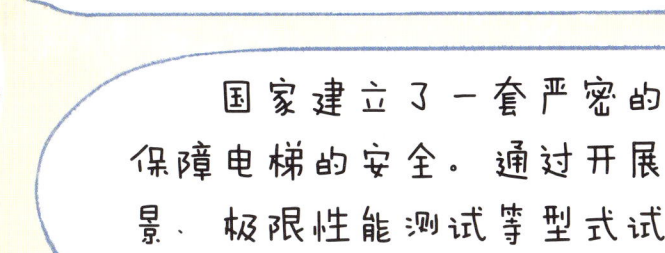

为什么要做这么多的型式试验呢?

国家建立了一套严密的标准体系来保障电梯的安全。通过开展模拟极端场景、极限性能测试等型式试验验证电梯整机和零部件的安全可靠性。

门锁测试

科普小贴士

门锁装在层门(轿门)上,起到锁止作用。

⑪ 电梯零部件型式试验

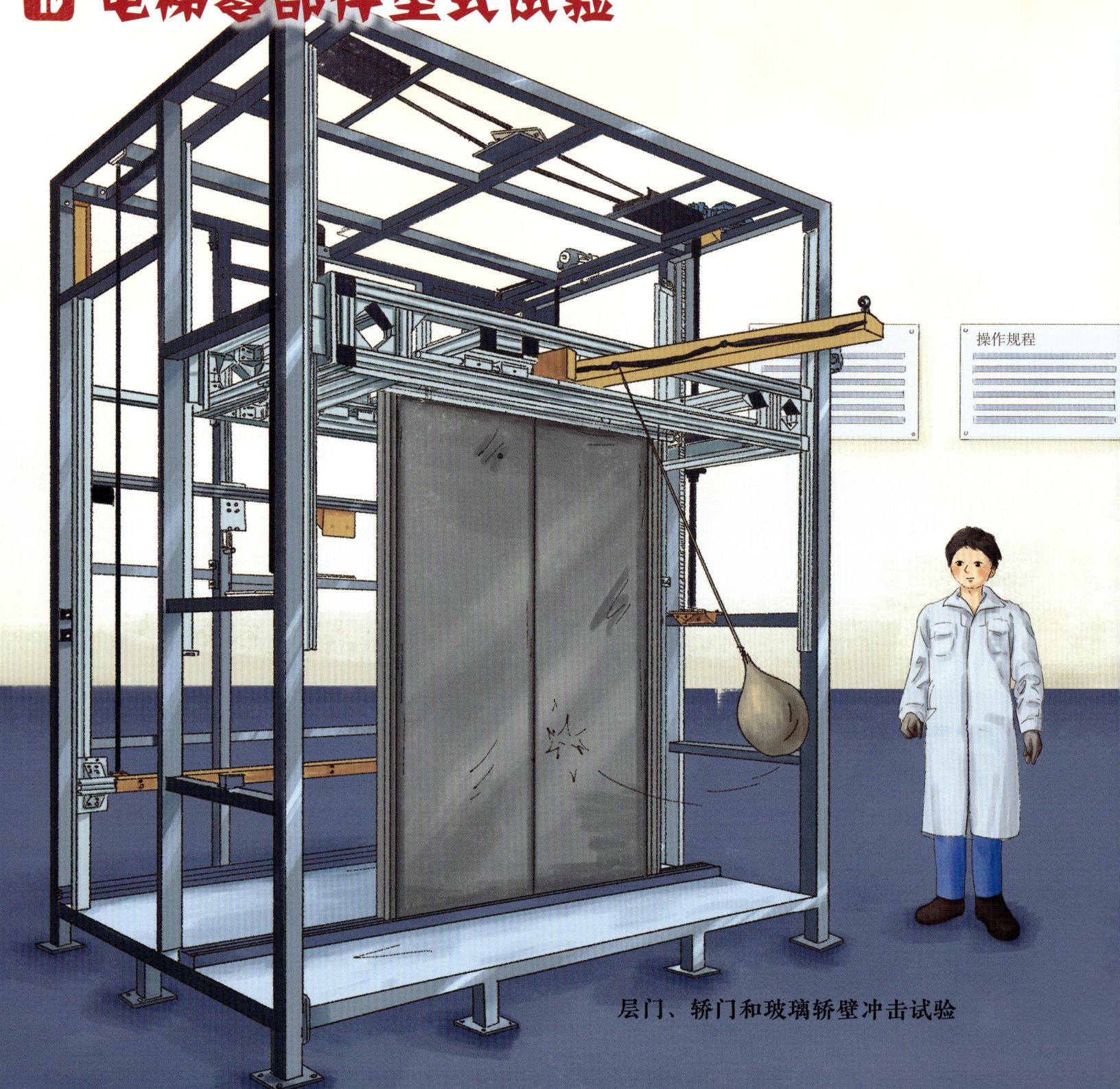

层门、轿门和玻璃轿壁冲击试验

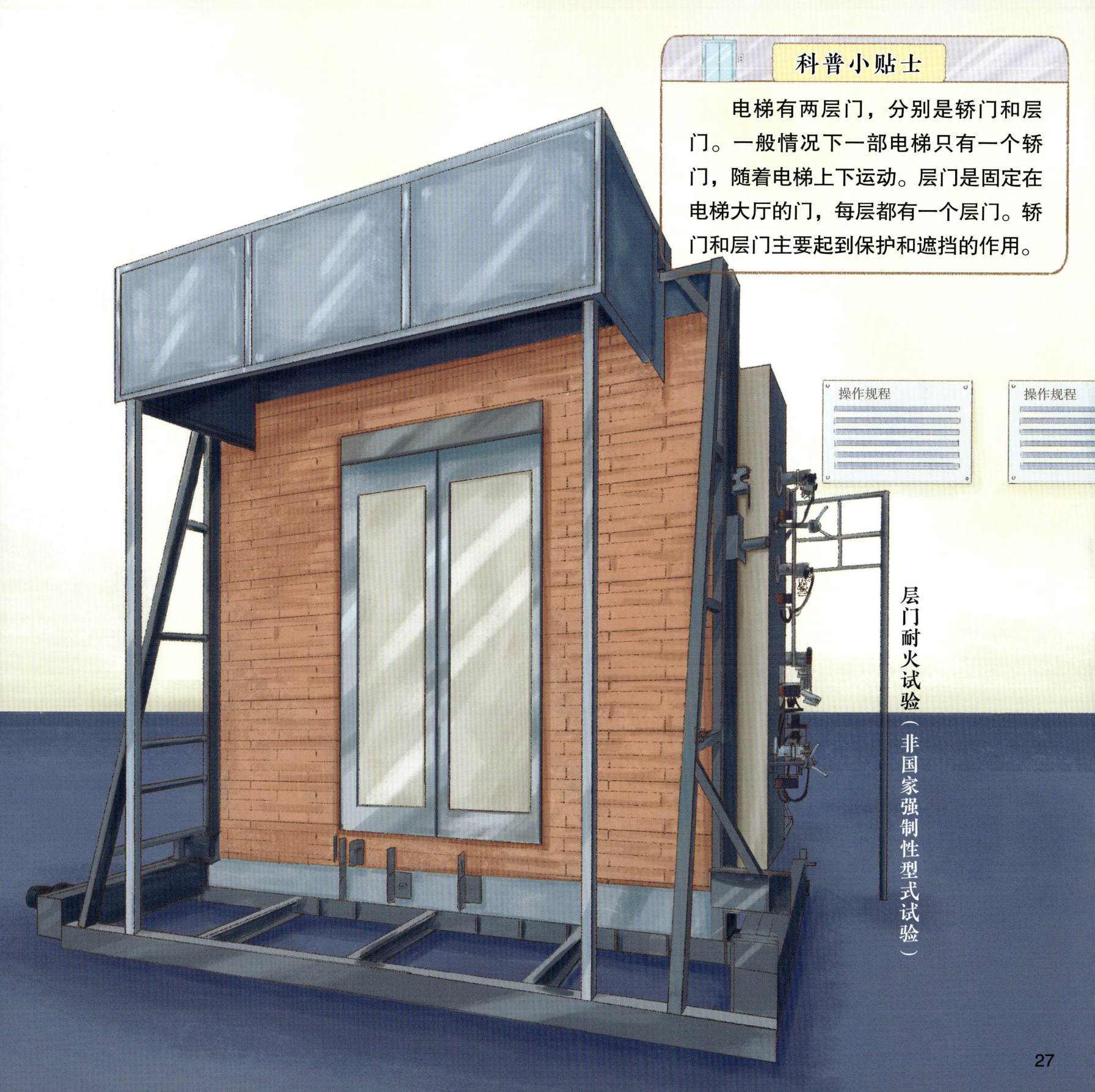

科普小贴士

电梯有两层门,分别是轿门和层门。一般情况下一部电梯只有一个轿门,随着电梯上下运动。层门是固定在电梯大厅的门,每层都有一个层门。轿门和层门主要起到保护和遮挡的作用。

层门耐火试验(非国家强制性型式试验)

12 电梯零部件型式试验

驱动主机测试

科普小贴士

电梯驱动主机又称为电梯曳引机,是电梯的动力设备,主要功能是输送和传递动力使电梯运行。可以说,电梯驱动主机是电梯的"心脏"。

11 电梯整机型式试验

电梯不仅需要做零部件型式试验,组装成整机后,还要进行整机型式试验。

自动扶梯整机型式试验

垂直电梯整机型式试验

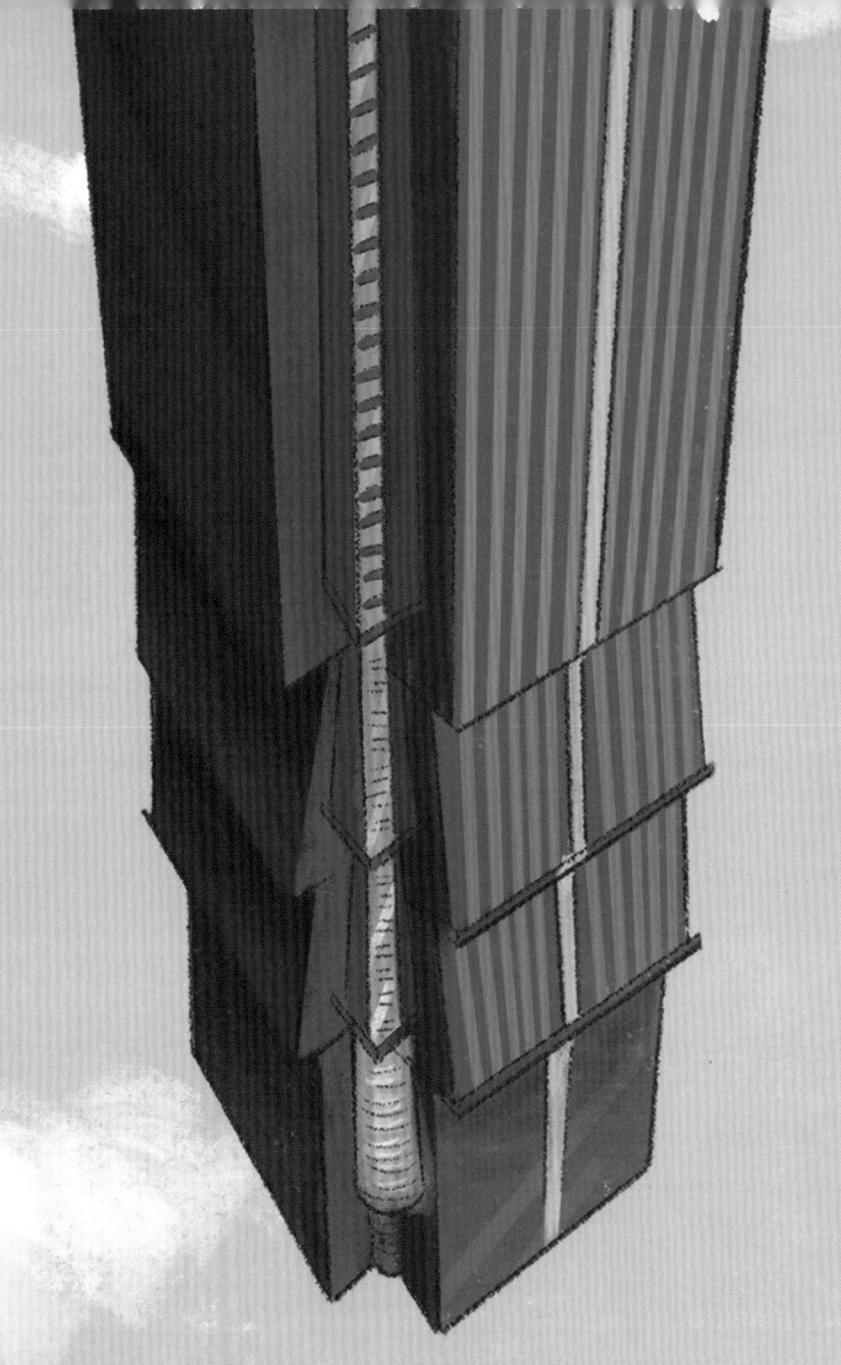

一般情况下，电梯机械机构上方位于电梯井的顶部空间中，维护起来其电梯设计的不同速度，该技术对大型商场使用的高速电梯机。
适于大厦。

11 探秘电梯安装

垂直电梯的安装

垂直电梯的安装是一项技术性比较强的工作，先要进行电梯井道清理、部件分类验收、放线定位等准备工作，再按照一定顺序安装各个零部件，进而完成电梯组装调试。

1. 主机吊装

2. 主机安装

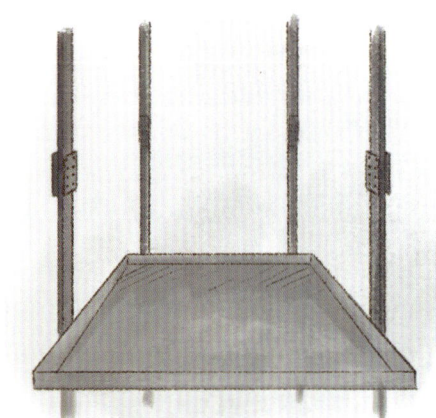

3. 导轨安装

4. 厅门封堵

5.轿厢拼装　　　　　6.电气接线调试　　　　　7.呼梯板安装

垂直电梯的安装主要分为主机吊装、主机安装、导轨安装、厅门封堵、轿厢拼装、电气接线调试、呼梯板安装、安装自检等多个步骤。

8.安装自检

14 自动扶梯的安装

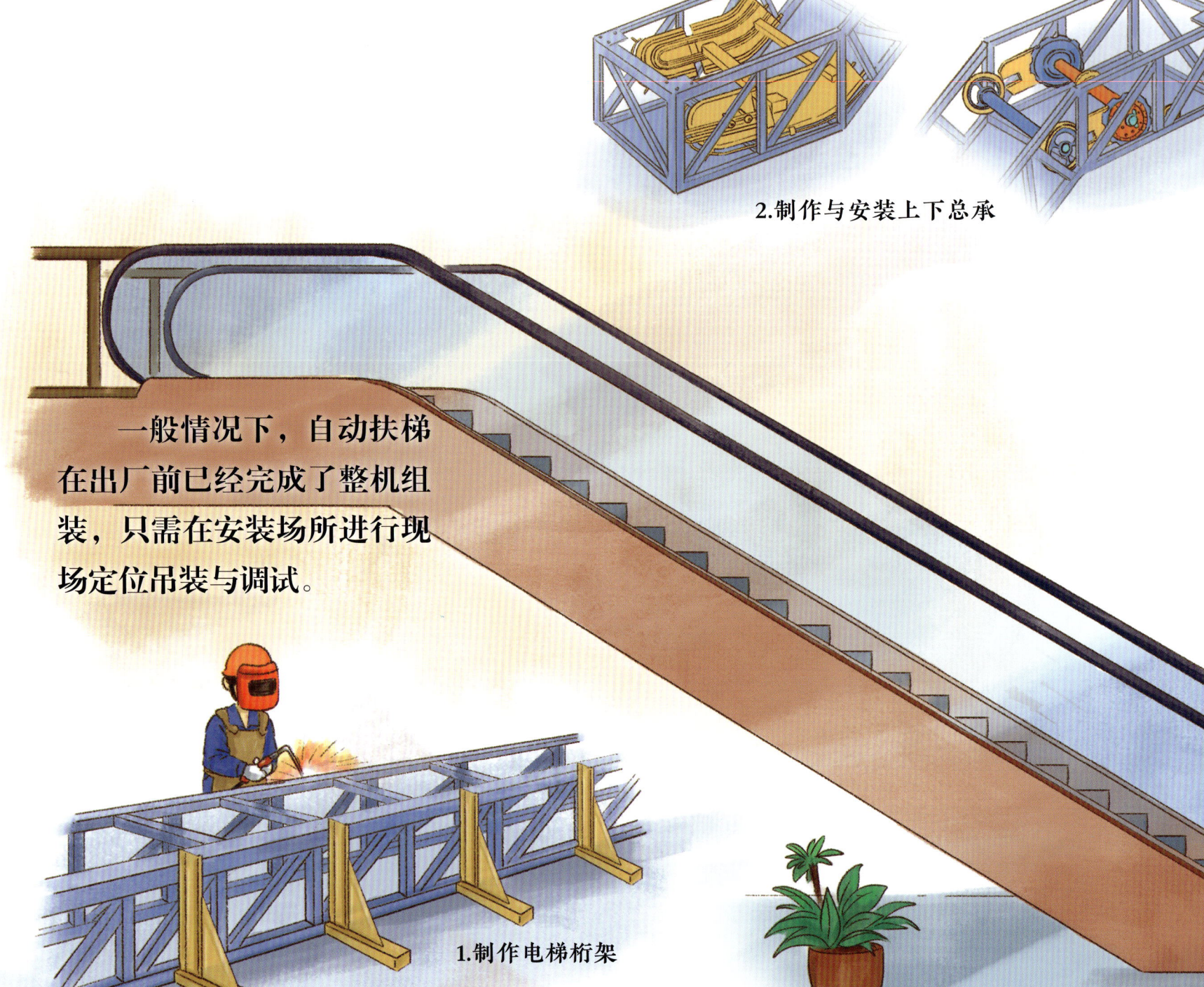

一般情况下，自动扶梯在出厂前已经完成了整机组装，只需在安装场所进行现场定位吊装与调试。

1. 制作电梯桁架

2. 制作与安装上下总承

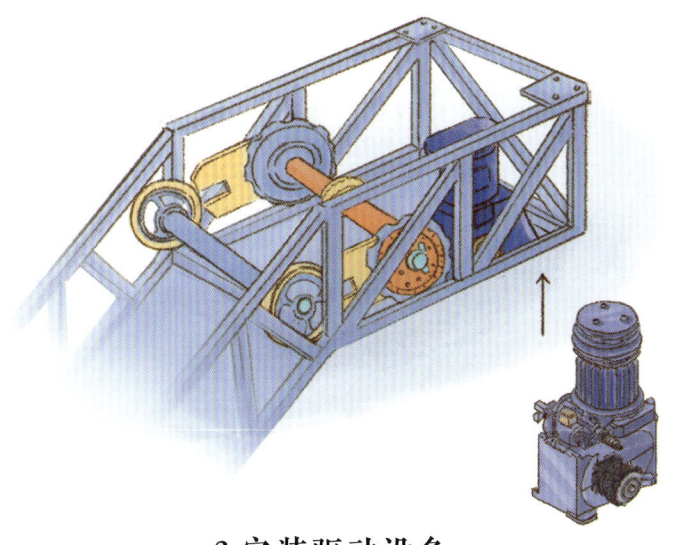

3.安装驱动设备

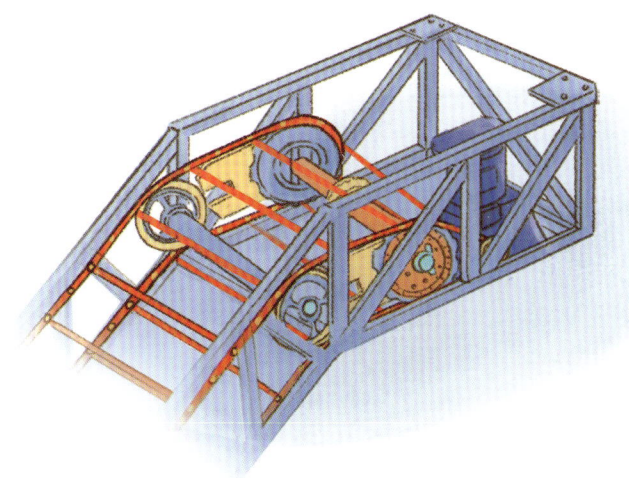

4.安装梯级轨道、链条

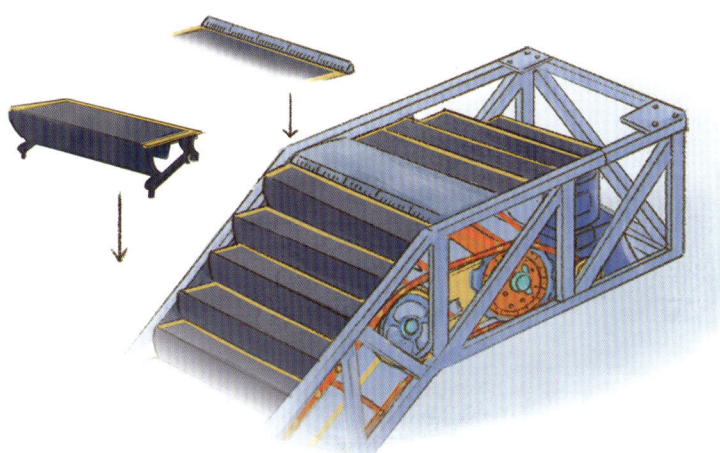

5.安装梯级踏板、前沿板、梳齿板

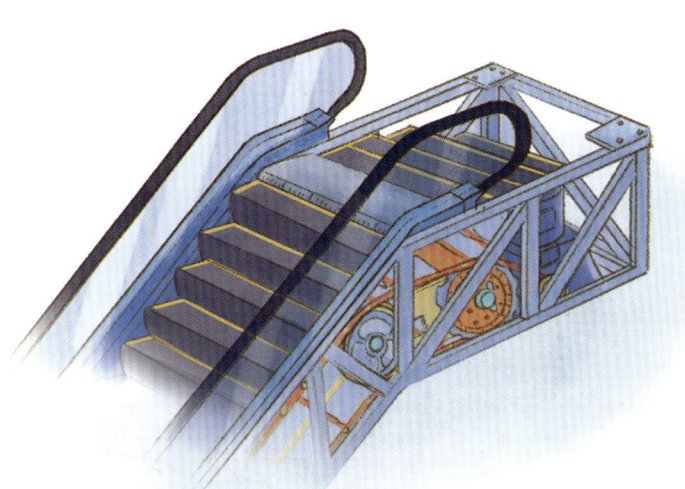

6.安装护壁板、扶手带

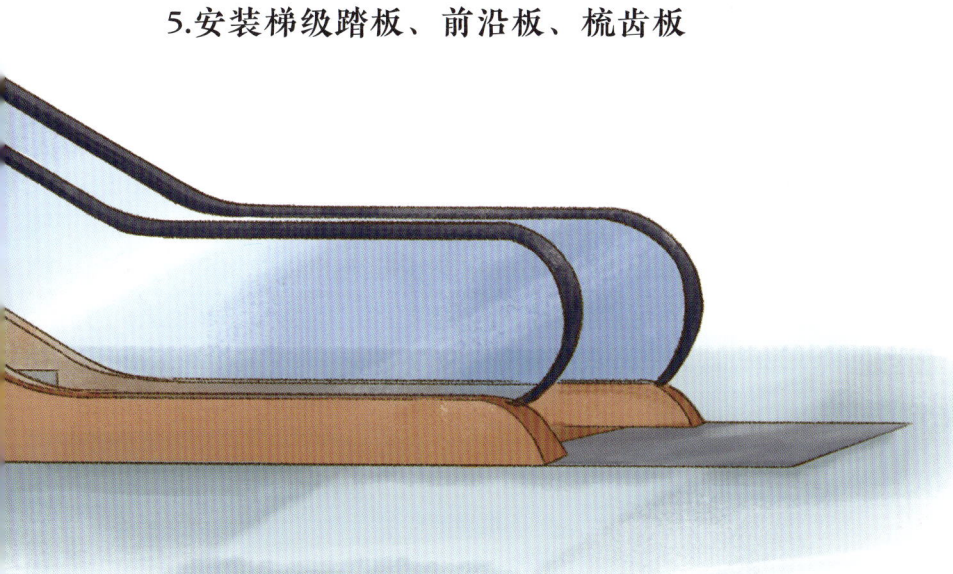

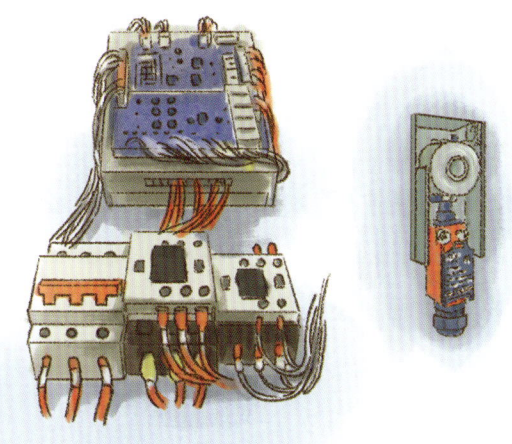

7.安装控制系统和电梯安全保护开关

新安装的电梯,必须经核准的检验机构监督检验合格并办理使用登记后,方可投入使用。

1 探秘电梯科普教育基地

11 电梯之最

目前世界上速度最快的电梯,位于广州周大福金融中心,速度可达每秒21米。

科普小贴士

科普小贴士

目前世界上提升高度最高的自动扶梯，位于朝鲜平壤地铁荣光站，长150米，提升高度达64米。

11 电梯之最

科普小贴士

目前我国提升高度最高的自动扶梯是位于重庆的皇冠大扶梯,长112米,提升高度为52.7米。

科普小贴士

目前我国最长的自动人行道在北京的大兴机场，长93米。

11 特殊的电梯

科普小贴士

液压电梯与普通垂直电梯在外形上相似,区别在于驱动方式不同。液压电梯通过液压驱动,一般用于低楼层、需要大吨位电梯的车间、仓库及不宜设置上机房的建筑。

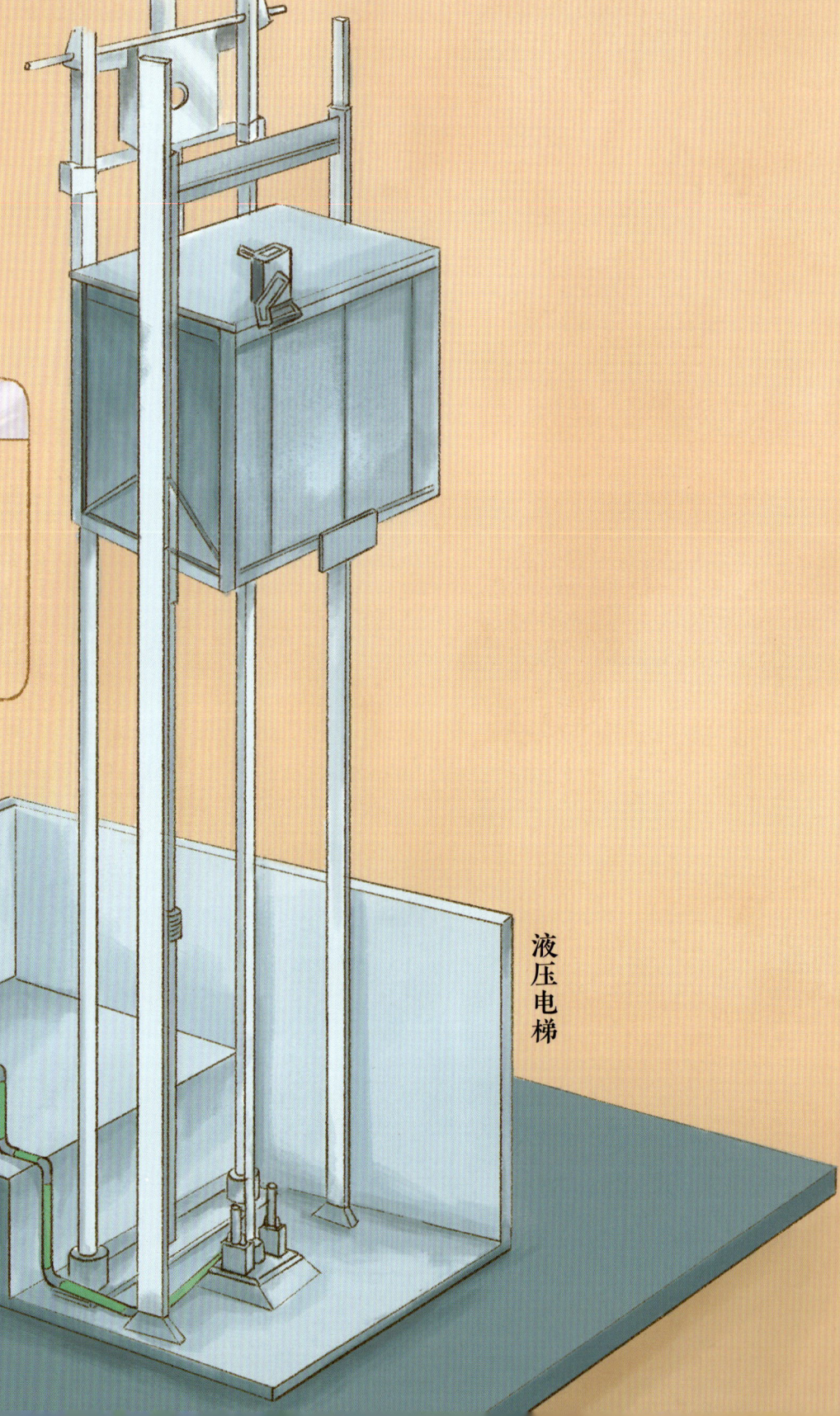

液压电梯

科普小贴士

杂物电梯多用于酒店、食堂运送食物，或医院、银行运送小件货物，不允许载人。

杂物电梯

11 特殊的电梯

科普小贴士

消防员电梯是在建筑物发生火灾时，供消防员进行灭火和救援时使用的电梯。

科普小贴士

防爆电梯除了具备一般垂直电梯的功能外，还具备了防爆功能。

防爆电梯

消防员电梯

科普小贴士

别墅电梯是仅用于别墅、排屋的电梯。

别墅电梯

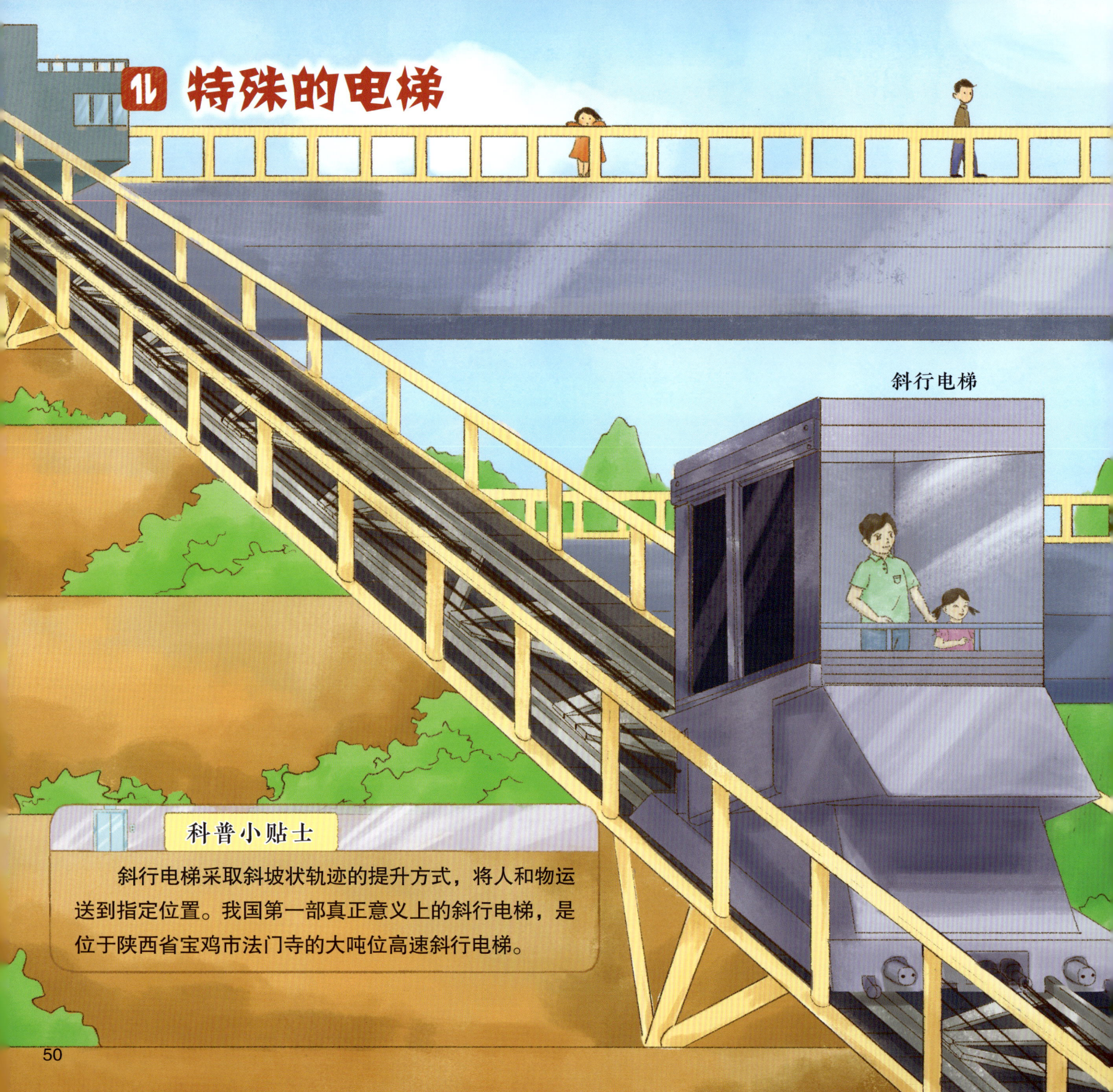

11 特殊的电梯

斜行电梯

科普小贴士

斜行电梯采取斜坡状轨迹的提升方式,将人和物运送到指定位置。我国第一部真正意义上的斜行电梯,是位于陕西省宝鸡市法门寺的大吨位高速斜行电梯。

11 特殊的电梯

科普小贴士

双轿厢电梯，即同一井道内两个轿厢刚性连接，运行时两个轿厢同时上升或同时下降，两个不同楼层的人和物可以同时进出。

双轿厢电梯

双子电梯

科普小贴士

双子电梯指在同一电梯井道内拥有两个独立的轿厢,两个轿厢具备各自独立的牵引系统、配重和安全系统等,可以在不同的方向独立运行,分别驶往不同的楼层。

回家之后，豆豆跟妈妈滔滔不绝地讲述着这一天的经历，电梯制造和安装的知识真丰富有趣，各式各样的电梯让豆豆大开眼界。

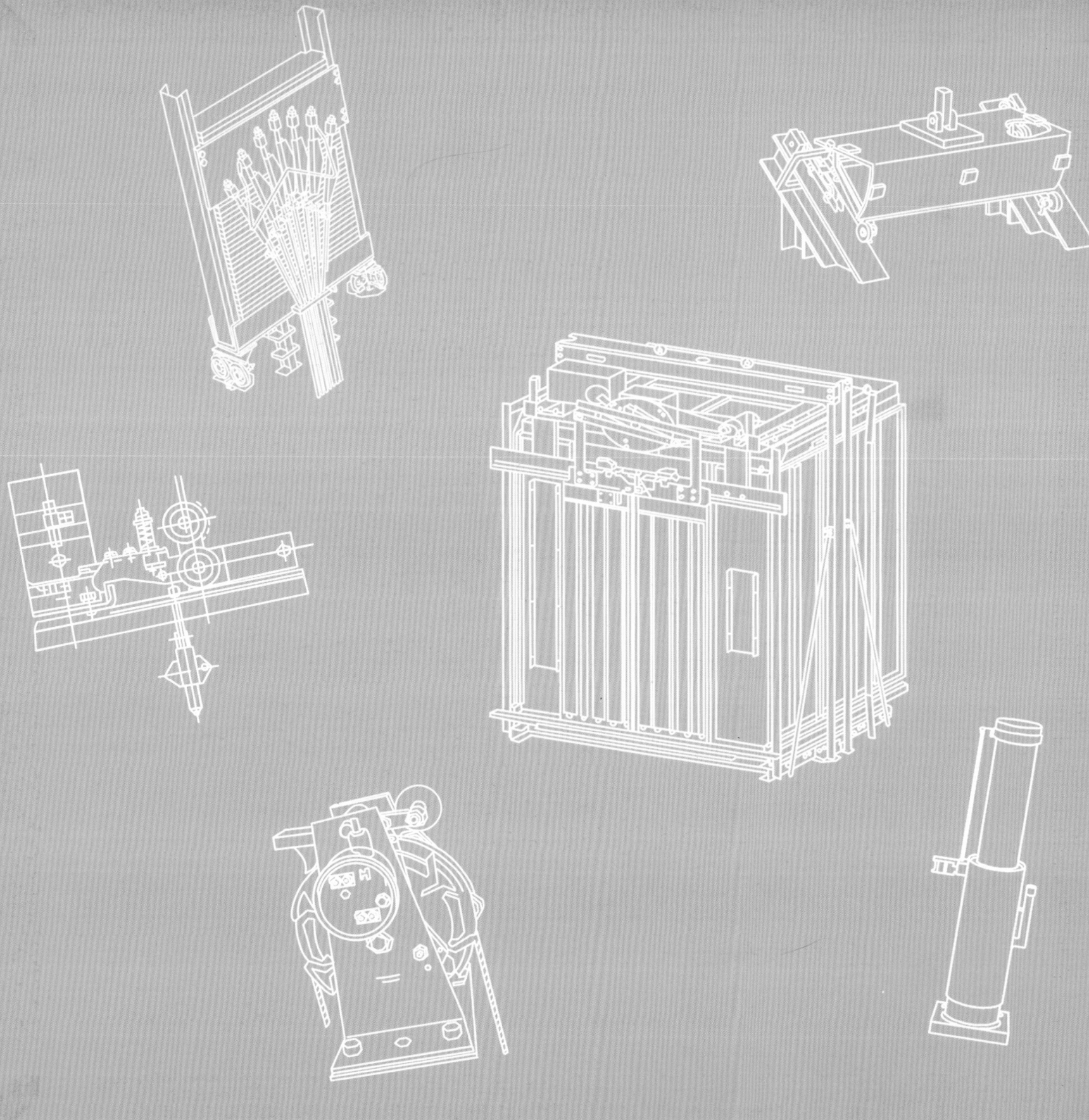